BEI GRIN MACHT SICH IHR WISSEN BEZAHLT

- Wir veröffentlichen Ihre Hausarbeit, Bachelor- und Masterarbeit

- Ihr eigenes eBook und Buch - weltweit in allen wichtigen Shops

- Verdienen Sie an jedem Verkauf

Jetzt bei www.GRIN.com hochladen und kostenlos publizieren

Karl Krauss

Technologie- und Gründerzentren als regionaler Entwicklungsfaktor

GRIN Verlag

Bibliografische Information der Deutschen Nationalbibliothek:

Die Deutsche Bibliothek verzeichnet diese Publikation in der Deutschen National-
bibliografie; detaillierte bibliografische Daten sind im Internet über http://dnb.d-
nb.de/ abrufbar.

Impressum:

Copyright © 2007 GRIN Verlag GmbH
Druck und Bindung: Books on Demand GmbH, Norderstedt Germany
ISBN: 978-3-640-38676-5

Dieses Buch bei GRIN:

http://www.grin.com/de/e-book/94079/technologie-und-gruenderzentren-als-
regionaler-entwicklungsfaktor

Technologie- und Gründerzentren als regionaler Entwicklungsfaktor

Krauß, Karl
Geographie Diplom
8. Semester

Oberseminar Regionalökonomik & Regionalentwicklung
SS 2007, 11.07.2007

1 Einleitung

1.1 Problemstellung

Die späten siebziger und frühen achtziger Jahre des letzen Jahrhunderts sind in der BRD durch auftretende ökonomische Krisen gekennzeichnet, die eine wirtschaftliche Umorientierung der Politik auslösten. Zu den Krisenauslösern zählten vor allem die Ölpreisschocks 1973 und 1979/80 sowie die zunehmende internationale Konkurrenz amerikanischer und speziell japanischer Produkte, die in der deutschen Industrie Angst vor technologischem Rückstand verursachten (vgl. KADEN, 1991, S.79).

Die Erfolge die sich in dieser Zeit im kalifornischen „Silicon Valley" abzeichneten führten in der BRD zu der Einsicht, dass die Entwicklung der (Hoch-) Technologiebranche zukünftig hohe Bedeutung für das gesamtwirtschaftliche Wachstum haben wird. Als Instrument der Innovations- und Gründerförderung im technologischen Bereich wurde das Konzept der „Technologie- und Gründerzentren (TGZ) „ entwickelt. Im Jahr 1983 wurde das Berliner Innovations- und Gründerzentrum (BIG)" als erstes Technologie- und Gründerzentrum in der damaligen Bundesrepublik eröffnet. In den folgenden Jahren kam es zu einem Boom der Neueröffnungen von TGZ insbesondere in Nordrhein-Westfalen, das mit Hilfe dieses wirtschaftspolitischen Instruments versuchte auf die strukturelle Krise bzw den nahezu vollständigen Wegfall der Kohle- und Stahlindustrie zu reagieren (vgl. www.tat-zentrum.de). Ein ähnliches Konzept wurde in den neuen Bundesländern nach der Wende verfolgt. Dabei wurden der Neubau von Technologie- und Gründerzentren vom damaligen Bundesministerium für Forschung und Technologie (BMFT) im Rahmen des Modellversuches „Technologieorientierte Unternehmensgründungen in den neuen Bundesländern (TOU-NBL)" gefördert (vgl. PLESCHAK, 1995, S.1 & FRANZ, 1996, S.26).

1.2 Zielsetzung und Aufbau der Arbeit

Die Eröffnung von Technologie- und Gründerzentren ist von Seiten der Kommunen mit hohen Erwartungen und Hoffnungen, vor allem hinsichtlich wirtschaftlicher Prosperität und einem Zuwachs an Arbeitsplätzen, verbunden. Ob Technologie- und

Gründerzentren tatsächlich einen Einfluss auf die regionale Wirtschaftsentwicklung haben, woran sich dieser messen lässt und welche Rolle der jeweilige Standort dabei spielt, soll in der vorliegenden Arbeit dargestellt werden.

Im folgenden Kapitel soll dabei die Konzeption der Technologie und Gründerzentren sowie deren Organisationsstruktur und Leistungsangebot aufgezeigt werden.

Die Ziele und Erwartungen, die von kommunaler und wirtschaftlicher Seite hinsichtlich der Technologie- und Gründerzentren formuliert wurden, werden im dritten Kapitel dargelegt. Im darauf folgenden Kapitel werden die räumliche Verteilung und einzelne Kennwerte der Zentren in Deutschland näher beleuchtet.

Das fünfte Kapitel befasst sich mit einer empirischen Analyse der Technologie- und Gründerzentren bezüglich ihres Potentials als regionaler Entwicklungsfaktor.

Konzeptuelle Schwächen des Instruments TGZ sowie Probleme, die bei dessen Umsetzung auftreten, werden im sechsten Kapitel erläutert.

Anhand des Technologie- und Gründerzentrums in Halle wird die praktische Umsetzung des Konzepts in Kapitel sieben vorgestellt und überprüft. Ein kurzes Fazit und Darstellung möglicher Perspektiven bilden das Ende dieser Arbeit.

2. Konzeption von Technologie- und Gründerzentren

2.1 Grundgedanken

Neuere Theorieansätze, die sich mit dem raumwirtschaftlichen Strukturwandel beschäftigen, gehen davon aus, dass sich insbesondere die weltweit führenden Industrieländer im Übergang von der Industrie- zur Wissensgesellschaft befinden. Dies äußert sich vor allem im der Flexibilisierung der Produktion, der Verkürzung der Produktlebenszyklen, dem gestiegenen Einsatz von Wissen im Produktionsprozess (vgl. SCHÄTZL, 2001, S. 224f & LIEFNER, 2004, S. 291). Technologieunternehmen haben in diesem Zusammenhang besondere Qualitäten. Einerseits besitzen sie hohe Wachstumspotentiale und weisen relativ geringe Konkursquoten auf. Andererseits können durch ihre Zukunftsausrichtung und die Einzigartigkeit verschiedener Produkte Wettbewerbsvorteile in einer Region geschaffen werden, die wirtschaftliches Wachstum implizieren (vgl. www.innovation-aktuell.de).

Technisches (neues) Wissen ist hierbei essentiell. Die Übertragung von noch nicht schriftlich festgehaltenem Wissen, dem so genannten *tacit knowledge*, soll durch räumliche Nähe und Kooperation von Forschungseinrichtungen (Uni, FH usw.) mit den Unternehmen vor Ort beschleunigt werden. Gleichzeitig gehen verschiedene Theorien von der Annahme aus, dass sich auch durch die Nähe verschiedener Unternehmen der gleichen (technologieorientierten) Branche *lokale Spillover-Effekte* ergeben (vgl. LIEFNER, 2004, S. 291).

Technologie- und Gründerzentren sollen Neugründer technologieorientierter Unternehmen, insbesondere junge Hochschulabsolventen, unterstützen und durch die Nähe zu Forschungseinrichtungen und branchengleicher Unternehmen im Zentrum den Wissenstransfer beschleunigen.

2.2 Konzeption der TGZ

Technologie- und Gründerzentren sind Instrumente der kommunalen, regionalen und nationalen (Neue Bundesländer) Technologie- und Wirtschaftsförderung. Sie werden definiert als „unternehmerische Standortgemeinschaft von relativ jungen und zumeist neu gegründeten Stammunternehmen, deren betriebliche Tätigkeit vorwiegend in der Entwicklung, Produktion und Vermarktung technologisch neuer Produkte, Verfahren und Dienstleistungen liegt und die im TGZ auf ein mehr oder weniger umfangreiches Angebot an Mieträumen, Gemeinschaftseinrichtungen und Beratungsleistungen zurückgreifen können" (STERNBERG ET AL., 1996, S. 2f.).

Das Prinzip der Technologie- und Gründerzentren wird häufig mit dem Begriff „Inkubator" (Brutkasten) oder „Durchlauferhitzer" bezeichnet. Dabei geht es darum Neugründern von innovationsorientierten Unternehmen sowohl finanziell, als auch beratungstechnisch (siehe kap. 2.4), zeitlich begrenzt zu unterstützen und ihnen somit den Einstieg in die Selbstständigkeit zu erleichtern und potentielle Neugründer zu motivieren. Eine zeitliche Begrenzung der Mietverträge und eine sukzessive Steigerung der Mietpreise sollen die Unternehmen nach der Gründungsphase zum „take off" in die freie Wirtschaft bewegen (FRANZ, 1996, S.26). Die Gründungsphase entspricht idealtypisch der Innovationsphase im Produktionslebenszyklus, d.h. die Phase, in der die Kosten des Produktes noch weit über den Erlösen liegen (vgl. Abbildung 1).

Abbildung 1: Phasen des Produktlebenszyklus

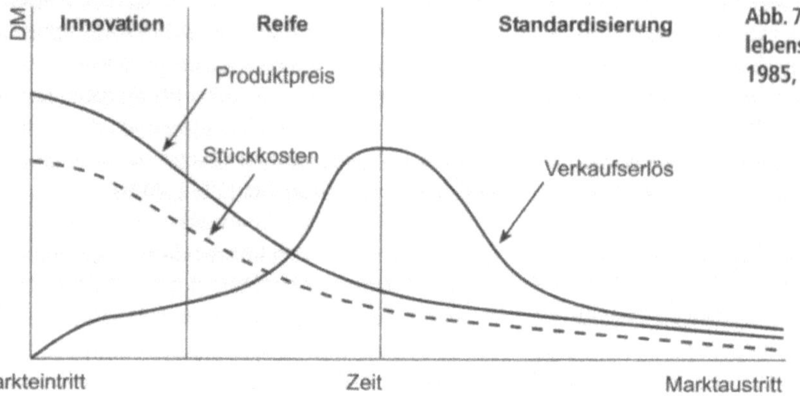

Quelle: BARTHELT & GLÜCKLER, 2003, S.230

Technologie- und Gründerzentren werden in Deutschland größtenteils in Form einer GmbH (als Betreibergesellschaft – siehe auch Kap. 2.3) betrieben. In 70 Prozent dieser GmbH gehören Städte und Kommunen zu den Gesellschaftern. Andere Gesellschafter werden von den Ländern, Privatunternehmen, Industrie- und Handelskammern oder Kreditinstituten gestellt, die sich hauptsächlich finanziell engagieren (vgl. STERNBERG et al., 1996, S.51f). Auch wenn die Gewinnorientierung konzeptuell bei den TGZ nicht an erster Stelle steht, sollen sie nach anfänglichen Förderungen, insbesondere beim Bau, später ihre Kosten durch Einahmen zumindest decken. Ob dies gelingt hängt von der Auslastung der zur Verfügung stehenden Räumlichkeiten sowie dem betrieblichen Konzept des jeweiligen TGZ ab. Dabei muss sich das Profil der Zentren vor allem nach der standortbedingten Angebots- und Nachfragestruktur der Region richten (vgl. www.innovation-aktuell.de).

2.3   Organisationsstruktur der Technologie- und Gründerzentren

Neben GmbH können auch andere Betriebsgesellschaften oder Arbeitsgemeinschaften, die sich aus verschiedenen öffentlichen, halböffentlichen oder privaten Akteuren zusammensetzen, als Betreiber der TGZ fungieren. Den

Betriebsgesellschaften obliegt es das TGZ einzurichten und zu managen. Die Immobilie selbst wird, sofern sie nicht direkt von der Betriebsgesellschaft erworben wird, von einer Trägergesellschaft, welche sich aus (halb-) öffentlichen Institutionen oder privaten Trägern zusammensetzt, angemietet. Das Land oder der Bund haben einen relativ geringen Einfluss auf die Struktur der einzelnen TGZ, der sich weitestgehend (länderabhängig) auf die finanzielle Risikominimierung der Betriebs- und Trägergesellschaften beschränkt. Von der Betriebsgesellschaft wird ein Geschäftsführer (Manager) für das TGZ ernannt (vgl. Abbildung 2). Dieser bestimmt die Auswahl der Unternehmen, die ins Zentrum einziehen. Daneben spielt er (idealtypisch) für die Beratung sowie die Einbindung der Unternehmen in verschiedene Netzwerke eine besondere Rolle. In einigen Bundesländern bilden öffentliche Institutionen und/oder Mitglieder der Betriebsgesellschaft einen Beirat, der dem TGZ-Management bei der Auswahl der Unternehmen, die in das TGZ aufgenommen werden sollen, zur Seite steht (KADEN, 1991, S. 69ff).

Abbildung 2: Idealtypische Organisationsstruktur der Technologie – und Gründerzentren

Quelle: KADEN, 1991, S.69.

2.4   Leistungsangebot der Technologie- und Gründerzentren

Das Leistungsangebot, das die Unternehmen in den TGZ in Anspruch nehmen
können, umfasst primär das Angebot qualitativ hochwertiger Mieträume zu relativ
günstigen Mietpreisen. Die Mietdauer der einzelnen Unternehmen soll dabei, im
Sinne des Inkubatorprinzips, nicht länger als drei bis fünf Jahre betragen. Daneben
werden Gemeinschaftseinrichtungen und technische Dienstleitungen angeboten, die
je nach Größe und Branchenausrichtung des TGZ variieren. Hierzu zählen zum
Beispiel: eine Telefonzentrale, Sitzungsräume, gemeinsamer Briefverteiler,
Kopiergeräte, die Kantine oder Cafeteria. Daneben gibt es in hochtechnologisierten
Zentren teilweise Labore und Reinräume, die von den Unternehmen genutzt werden
können (vgl. STERNBERG ET AL., 1996, S.44f & TASMASY, 1997, S.225).
Beratungsleistungen, die vom TGZ angeboten werden (sollen), sind insbesondere an
die oft einseitig technisch ausgebildeten Unternehmensgründer gerichtet.
Insbesondere Gründungsberatung, die eine Ausarbeitung der jeweiligen
Unternehmenskonzeption und deren Finanzierung beinhalten, haben große
Bedeutung. Daneben sollen Kontakte zu Behörden und Kapitalgebern (Banken)
sowie Rechtsberatung angeboten werden. Beratungen werden dabei nicht nur vom
TGZ-Management angeboten, sondern auch extern, insbesondere bei spezifischen
Beratungsleistungen, vermittelt (vgl. PLESCHAK, 1995, S.44f & TASMASY, 1997, S.
227).
Einen Schwerpunkt der Beratungsleistung stellt die Einbindung junger Unternehmen
in Firmen- und Forschungsnetzwerke dar. Auch hier soll das Zentrenmanagement
konstruktiv moderierend wirken, indem es Kontakte zu anderen Branchenähnlichen
Unternehmen und Forschungs- und Entwicklungseinrichtungen (FuE) in- und
außerhalb des TGZ vermittelt. Die praktische Umsetzung soll dabei im Rahmen der
Teilnahme an gemeinsamen Projekten, Messen und Unternehmerforen gewährleistet
werden. Parallel dazu soll den Unternehmen der Zugang zu Datenbaken
verschiedener Kooperationspartner (Zulieferer, Technologiegeber usw.) des TGZ
ermöglicht werden (vgl. www.innovation-aktuell.de).

3 Ziele und Erwartungen hinsichtlich der Technologie- und Gründerzentren

3.1 Ziele der Technologie- und Gründerzentren

Mit der Gründung eines TGZ in einer bestimmten Region verbindet die Kommune und die ansässige Wirtschaft bestimmte Zielvorstellungen. Diese Zielvorstellungen werden im Allgemeinen sehr vage formuliert, wodurch eine exakte empirische Überprüfung der Zielerreichung oft nur ansatzweise formuliert werden kann (vgl. SEEGER, 1997, S.40). Ein Versuch die hier aufgeführten Ziele hinsichtlich ihrer Umsetzung zu analysieren wird in Kapitel fünf aufgezeigt.

Hauptziel ist, laut TGZ-Management, die *Förderung von Unternehmensgründungen* speziell im innovativ technologieorientierten Bereich. Wobei die Motivierung potentieller Gründer, durch öffentlichkeitswirksame Maßnahmen des TGZ-Management an Hochschulen und anderen FuE-Einrichtungen (Inkubatoreinrichtungen), erfolgt. Gleichzeitig sollen die Rahmenbedingungen im TGZ so gestaltet sein, dass einem bereits gegründeten Unternehmen optimale Überlebens- und Erfolgschancen geboten werden und deren innovatorische Leistungsfähigkeit gestärkt wird (vgl. STERNBERG ET AL., 1996, S.57).

Die *Schaffung qualifizierter Arbeitsplätze* stellt ein weiteres wichtiges Ziel der TGZ dar, mit dem sich insbesondere im Hinblick auf „Silicon Valley" große beschäftigungspolitische Hoffnungen verbanden. Inwieweit ein nachhaltiger Beschäftigungseffekt für die Region erreicht werden kann hängt vor allem von der Konkursquote der Unternehmen in den TGZ sowie deren Beschäftigtenwachstum ab. Unterschieden werden muss dabei hinsichtlich der quantitativen Zunahme der geschaffenen Arbeitsplätze und deren Qualität, die sich auf die Qualifikation der Neueingestellten bezieht (vgl. STERNBERG ET AL., 1996, S.121ff).

Ein weiteres Ziel ist nach Angaben der TGZ-Leitung die *Initiierung und Intensivierung des Wissens- und Technologietransfers*. Im Grunde bedeutet dies die Förderung der Weitergabe von Wissen und Technologie. Die Konzeption der TGZ verfolgt dabei lange Zeit die gängige Lehrmeinung, dass technologisches Wissen in Hochschulen und öffentlichen FuE-Einrichtungen produziert wird und von dort in die Unternehmen transferiert werden muss. Dass auch ein umgekehrter Transfer von den Unternehmen in Richtung der Hochschulen und FuE-Einrichtungen sowie in erheblichem Maße auch zwischen den Unternehmen stattfindet, wurde dabei lange Zeit völlig ausgeblendet. Ziel der TGZ ist, nach eigener Aussage, die Vermittlung der

Unternehmen zu regionalen Technologietransferanbietern, wo diese vorhanden sind, sowie teilweise die eigene Tätigkeit als Anbieter von technologiorientiertem Transferwissen. Die Möglichkeit selbst als regionale Technologietransfereinrichtung aufzutreten hängt allerdings stark von den personellen und finanziellen Ressourcen des TGZ ab (STERNBERG ET AL., 1996, S.148ff).

Weiterhin wird das Ziel der *Unterstützung der innovativen Entwicklung der Region* als Ziel und Aufgabe der Technologie- und Gründerzentren genannt. Dabei soll die TGZ-Leitung mittels der Auswahl der Unternehmen, die in das TGZ einziehen, zuliefer- und absatzseitige Wirtschaftsverflechtungen zu regionalen Unternehmen implementieren. Gleichzeitig soll das Innovationspotential und die technologische Kompetenz der TGZ-Unternehmen anderen regionalen Unternehmen verfügbar gemacht werden. Die Rolle des TGZ-Mangement besteht diesbezüglich darin, Kooperationen zu regionalen Unternehmen in Form von Netzwerken auf- und auszubauen (vgl. www.innovation-aktuell.de).

Politisch übergeordnetes Ziel der TGZ als Instrument kommunaler Innovationspolitik ist die *Verringerung räumlicher Disparitäten* durch Nutzung endogener Gründer und Technologiepotentiale. Parallel dazu soll besonders in den neuen Bundesländern die Abwanderung von Humankapital in Richtung Westen verhindert werden (vgl. TASMASY, 1998, S.31).

3.2 Erwartungen an Technologie- und Gründerzentren

Die Erwartungen, die von kommunaler Seite an das wirtschaftspolitische Instrument Technologie- und Gründerzentrum gestellt werden, hängen stark mit den in Kapitel 3.1 formulierten Zielen zusammen. Hoffnungen werden vor allem in die vorhandenen endogenen Entwicklungspotentiale gesetzt, die regional mobilisiert werden sollen. Franz (1996, S. 27) formuliert in diesem Zusammenhang vier Effekte, welche durch die Schaffung eines Technologie- und Gründerzentrums in einer Region erreicht werden sollen:

Diversifizierungseffekt: Durch die Ansiedlung innovativer, sich dynamisch entwickelnder Unternehmen im TGZ, wird die lokal vorhandene Branchenstruktur aufgebrochen.

Innovationseffekt: Neue Produkte und Technologien der Unternehmen dienen als Grundlage zukünftiger Industrie und Dienstleistungsbereiche.

Beschäftigungseffekt: Lokal vorhandenes FuE-Potential wandert nicht ab, wodurch in den TGZ hochwertige Arbeitsplätze entstehen.

positiv-signalling-Effekt: Durch das TGZ wird das regionale Image als innovationsfreudiger Unternehmensstandort aufgewertet.

In den neuen Bundesländern sollte neben den genannten Erwartungen noch eine zusätzliche strukturpolitische Funktion durch die TGZ erfüllt werden. Mit Hilfe der Zentren sollte hier das Defizit an kleinen und mittelständischen Unternehmen (KMU) verringert und die privatunternehmerische Initiative, d.h. der Mut zur Selbstständigkeit, gefördert werden. Gleichzeitig sollten im Sinne des *Beschäftigungseffektes* FuE-Arbeiter, die nach der Wende arbeitslos geworden waren, in der Region gehalten werden (FRANZ, 1996, S. 27).

4 Räumliche Verteilung und quantitative Erfassung der Technologie und Gründerzentren

Der „ADT (Arbeitsgemeinschaft der deutschen Technologie- und Gründerzentren),. Bundesverband Deutscher Innovations-, Technologie- und Gründerzentren e.V. „ geht davon aus das aktuell ca. 300 (siehe Karte 1 im Anhang) Technologie und Gründerzentren in Deutschland existieren (www.adt-online.de). Das erste TGZ wurde 1983 in Berlin eröffnet und löste einen Gründerboom aus, der sich bis in die späten 1990er in Deutschland fortsetzte. Da die Initiative zum Bau der TGZ häufig von den Ländern ausging ist deren Verteilung innerhalb Deutschlands sehr unterschiedlich. Differenzen zwischen den Ländern gibt es auch hinsichtlich des Zeitraums ihres Aufbaus und ihrer Eröffnung. So wurden in Nordrhein-Westfalen insbesondere in den ausgehenden 80er und beginnenden 90er Jahren TGZ in großer Zahl eröffnet (vgl. Kapitel 1.1), während sich Bayern und Hessen lange Zeit nicht für dieses Förderinstrument „erwärmen" konnten und ihre TGZ fast ausschließlich in den ausgehenden 1990er Jahren eröffneten (siehe Karte 2 i.A.). Eine Determinante der räumlichen Lage von Technologie- und Gründerzentren ist die Nähe zu Hochschulen und anderen Forschungseinrichtungen: Aus diesem Grund verwundert es nicht, dass sich der Großteil der deutschen TGZ in Agglomerations- und verstädterten Räumen befindet (vgl. Abbildung 3). Allerdings wurden in einigen Bundesländern (z.B. Brandenburg, Mecklenburg-Vorpommern, Sachsen - siehe Karte 2 i. A.) auch vermehrt TGZ im ländlichen Bereich ohne direkte Nachbarschaft zu Forschungseinrichtungen eröffnet um auch in dünner besiedelten Gebieten günstige Bedingungen für die Ansiedlung neuer Unternehmen zu schaffen (vgl. PLESCHAK, S.11f, 1995)

Abbildung 3: Lage von Technologie- und Gründerzentren

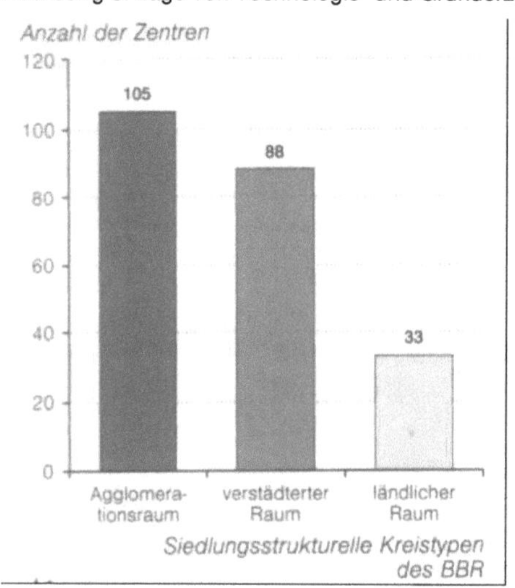

Quelle: Leibnitz-Institut für Länderkunde, 2004, S.84.

Die von den Technologie- und Gründerzentren angebotene Fläche beträgt in Deutschland durchschnittlich ca. 6.000 m^2 (6.600 m^2 in Ostdeutschland und 5.650 m^2 in Westdeutschland). Allerdings gibt es regional stake Unterschiede. Die vermietete Fläche im IGZ Wernigerode beträgt z.B. nur 530 m^2, während im GZ Klingenberg rund 70.000 m^2 zur Verfügung stehen (vgl. FRANZ, 1996, S. 27).

Im Durchschnitt beträgt die Anzahl der Unternehmen in den TGZ Deutschlands ca. 26, welche jeweils etwa 8 Mitarbeiter beschäftigen (6,2 in Ostdeutschland und 9,2 in Westdeutschland). Auch die Mitarbeiterzahlen weich zwischen den Regionen stark voneinander ab. Im Businesspark Leipzig arbeiten über 700 Mitarbeiter, wohingegen im TGZ der Uckermark nur 10 Personen beschäftigt werden (vgl. FRANZ, 1996, S. 28 & www.innovation-aktuell.de).

5 Technologie und Gründerzentren als regionaler Entwicklungsfaktor

Mit der Frage, inwieweit sich Technologie- und Gründerzentren als regionaler Entwicklungsfaktor eignen haben sich Wissenschaftler, insbesondere in den neunziger Jahren, beschäftigt. Ein Großteil der Forschung und der dazugehörigen Veröffentlichungen behandelte dabei speziell die Entwicklung der TGZ in den neuen Bundesländern.

Wie TGZ die regionale ökonomische Entwicklung beeinflussen und inwieweit sich ihr Vorhandensein auf den Arbeitsmarkt auswirkt kann anhand der in Kapitel 3.1 vorgestellten Ziele analysiert werden. Wobei insbesondere die *Förderung der Unternehmensgründung* und die *Schaffung qualifizierter Arbeitsplätze* näher untersucht werden sollen. Daneben werden allerdings auch Ergebnisse, die untersuchen, wie andere genannten Ziele (*Intensivierung des Wissens- und Technologietransfers, Unterstützung der innovativen Entwicklung der Region* und die *Verringerung räumlicher Disparitäten*) in der Praxis umgesetzt wurden.

5.1 Förderung der Unternehmensgründungen

Die Gründung neuer innovativer Unternehmen wird als Hauptziel, von allen dem TGZ übergeordneten Akteuren sowie dessen Management, genannt. Ein Großteil der Förderung soll dabei, wie in den vorangegangenen Kapiteln beschrieben, mehr oder weniger ausschließlich der Entstehung und Entwicklung neuer Unternehmen gelten. TGZ sollen in diesem Sinne einen aktivierenden Einfluss auf das unternehmerische Potential der Region haben (vgl. SEEGER, 1997, S.67).

TASMASY (1998, S. 32) befragte in 108 West- und Ostdeutsche Technologie- und Gründerzentren 1.021 Unternehmen bezüglich ihres Gründungsmotivs und dessen Zusammenhang mit dem TGZ. Die Fragestellung wurde im Umkehrschluss dadurch beantwortet, wie viele Unternehmen sich auch bei nicht-Existenz der TGZ gegründet hätten. Die Ergebnisse erscheinen auf den ersten Blick relativ ernüchternd, da nur ca. 3 % (Neugründer) der befragten Unternehmen angaben, dass sie ihre Gründung außerhalb des TGZ nicht realisiert hätten. Weitere 6% (Unentschlossene) waren sich nicht sicher ob eine Gründung ihres Unternehmens auch ohne TGZ vollzogen wurden wäre. Überraschend hoch ist mit 54% (Mitnehmer) die Anzahl der

Unternehmen die sich in jedem Fall gegründet hätten. Weitere 37% (Besteher) der Unternehmen bestanden schon vorm Einzug ins TGZ, so dass sich für sie die Frage nach der Gründungsmotivation für sie überhaupt nicht stellte (vgl. Abbildung. 4).

Abbildung 4 und 5: Gründungsmotivation in TGZ (verschiedene Darstellungsmöglichkeiten)

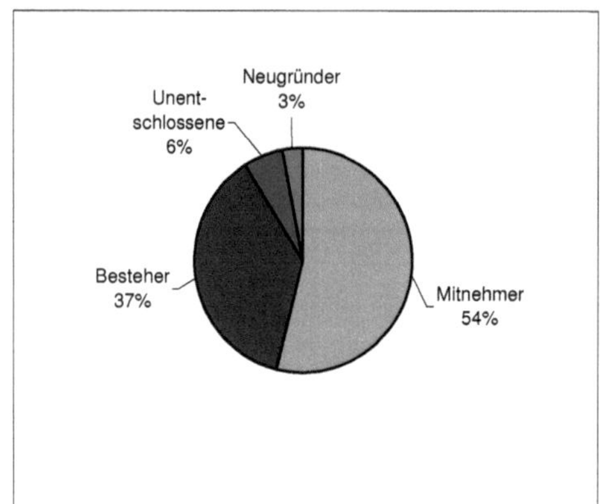

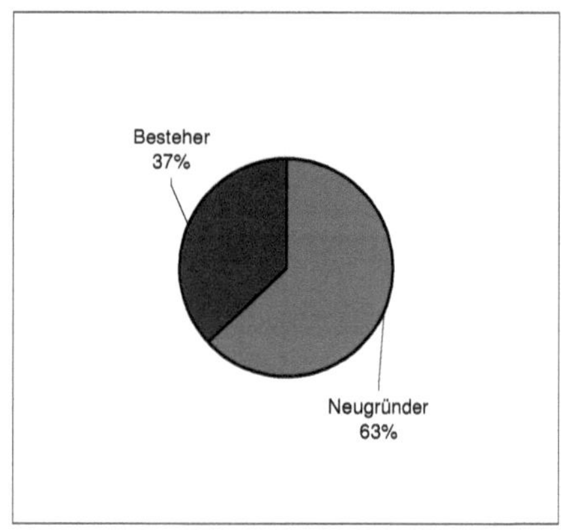

Quelle: bearbeitet nach TASMASY, 1998.

Die beiden hier aufgeführten Diagramme (Abbildung 4 & 5) zeigen wie sich derselbe Sachverhalt ganz unterschiedlich interpretieren und darstellen lässt. Je nach Auffassung und Ziel des Autors werden diese Interpretationen in der Literatur gewählt. Kritische Autoren wählen die linke Darstellung und bemängeln die hohen Mitnahmeeffekte von Steuergeldern durch Unternehmen, die schon bestehen oder sich auch ohne TGZ-Unterstützung gegründet hätten. Dagegen spricht, dass sich viele TGZ nicht nur als „reine Gründerzentren" sondern auch als „Technologiezentren" definieren, d.h. das auch vorhandene technologieorientierte Unternehmen einziehen dürfen. Des Weiteren sind starke Engpässe der räumlichen Auslastung – und dadurch Mindereinahmen – zu befürchten, wenn nur neugegründete Unternehmen, die sich ohne TGZ nicht gegründet hätten, aufgenommen würden. Vorteile durch schon bestehende Unternehmen im TGZ können sich durch den Wissenstransfer von Erfahrungswerten in Richtung der jüngeren Unternehmen ergeben.

Um herauszufinden in welcher Höhe sich die Mitnahmeeffekte tatsächlich bewegen müsste es eine Studie vergleichen wie erfolgreich sich technologieoritierte

Unternehmensgründungen in und außerhalb von TGZ entwickeln und verhalten (Konkursquote, Mitarbeiterzahl, Innovationspotential usw.).

BAUER & HANNING (1992, S.41 in: SEEGER, 1997, S.67) haben die Akquisition der TGZ-Mieter durch das TGZ-Management näher untersucht und dabei festgestellt, dass neue Mieter größtenteils über die regionalen Wirtschaftsförderungsämter und Banken erreicht werden. Da diese Einrichtungen von den potentiellen Gründern erst dann kontaktiert werden wenn die Gründungs- und Standortentscheidung bereits gefallen ist die Aktivierung „echter" Neugründer von vornherein stark eingeschränkt. „Die geringe Anzahl zusätzlicher durch TGZ initiierter Unternehmensgründungen ist demzufolge nicht auf hohe Mitnahmeeffekte seitens der Unternehmen zurückzuführen, sondern auf unangepasste Akqusitionsmaßnahmen der TGZ-Leitung" (SEEGER, 1997, S.68).

5.2   Schaffung qualifizierter Arbeitsplätze

Im folgenden soll neben der *Schaffung (hoch-)qualifizierte Arbeitsplätze* auch die allgemeine Beschäftigungsentwicklung der in den TGZ ansässigen Unternehmen analysiert werden, da auch die Schaffung niedriger qualifizierter Arbeitsplätze einen Einfluss auf die regionale Wirtschaftentwicklung hat.

Der Anteil qualifizierter Arbeitsplatz wird in der Literatur in den meisten Fällen mit dem Anteil der Beschäftigten mit einem Hoch- oder Fachhochschulabschluss (Akademikeranteil) gleichgesetzt (vgl. STERNBERG et al., 1996, S. 130).

Das von den deutschen Technologie- und Gründerzentren ein statistisch messbarer Beitrag zur Verringerung der Arbeitslosigkeit ausgeht ist nicht zu erwarten. Die vorhandenen Arbeitsplätze umfassten im Jahr 1998 ca. 55.00 Beschäftigte innerhalb der TGZ und ca. 26.000 Beschäftigte in Unternehmen, die bereits erfolgreich aus den TGZ ausgezogen waren (vgl. www.innovation-aktuell.de).

Eine Studie von SEEGER (1997, S.100) ermittelte die Insolvenzquote deutscher TGZ Unternehmen im Zeitraum 1986 bis 1993. In Konkurs gegangen waren in diesem Zeitraum 24,1% der Unternehmen, währen 5,3% von Ihnen aufgekauft worden. Im selben Zeitraum haben 43,5% der befragten Unternehmen das TGZ erfolgreich verlassen, während sich auch nach 7 Jahren noch 27,3% im TGZ befinden.

In den fachwissenschaftlichen Veröffentlichungen wird eine durchschnittliche Unternehmensgröße von ca. 4 Beschäftigten bei Einzug ins TGZ festgestellt. Die mittlere jährliche Wachstumsrate pro Unternehmen liegt zwischen 1,3 (vgl. SEEGER, 1997, S.104) und 1,6 Beschäftigten (vgl. STERNBERG ET AL., 1996, S. 124). Das Wachstum der Unternehmen verläuft dabei sehr unterschiedlich. Wie STERNBERG ET AL. (1996, S.126) feststellten gibt es eine geringen Anzahl von Unternehmen mit einem sehr starken Wachstum (> 15 Beschäftigte), während viele Unternehmen nur ein leichten oder gar keinen Beschäftigungszuwachs aufweisen (vgl. Abbildung 6).

Abbildung 6: Beschäftigungsentwicklung der Unternehmen im Technologie- und Gründerzentrum

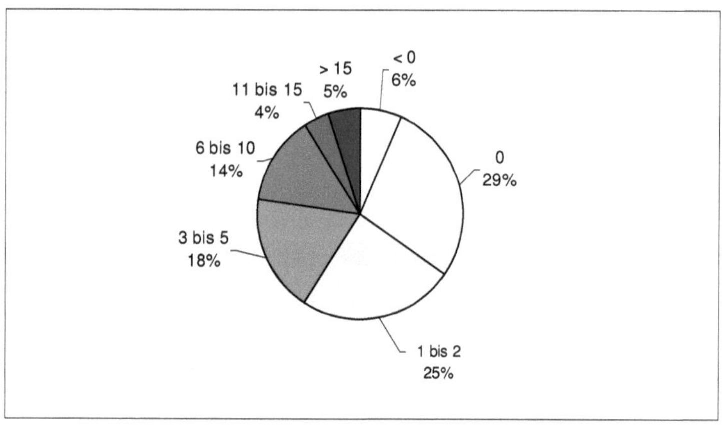

Quelle: bearbeitet nach STERNBERG ET AL. (1996, S.126)

Beim Auszug haben die Unternehmen im Schnitt eine Gesamtbeschäftigtenzahl von 8,9 Mitarbeitern. Hohe oder sehr hohe Wachstumsraten des Beschäftigtenstandes werden in den TGZ selten erzielt, da speziell bei Vollauslastung, die räumlichen Kapazitäten den limitierend wirken. Dies erklärt den relativ geringen Anteil der Unternehmen mit mehr als 20 Beschäftigten (vgl. Tab. 1). Innerhalb der ersten zwei Jahre nach dem Auszug kommt es vielen Fällen zu einem kurzen Rückgang des Beschäftigtenwachstums auf ca. 1,0. Unternehmen die schon länger als 4 Jahre ausgezogen weisen dagegen eine Wachstumsdynamik von 2,2 Beschäftigten jährlich auf, was deutlich über dem durchschnittlichen Wachstum im TGZ liegt. Die Gesamtbeschäftigtenzahl beträgt nach dieser Zeit durchschnittlich 22,6 Beschäftigte, was nach einer Definition von STERNBERG (1988, S.158 in SEEGER, 1997, S.105) über die Größe eines Kleinunternehmen (max. 20 Beschäftigte) hinausgeht (vgl. Tab1).

Tab.1: Beschäftigungszuwachs der Unternehmen im Technologie- und Gründerzentrum und nach dem Auszug

Gesamtbeschäftigte (klassifiziert und absolut)	Einzug (n=157)	Auszug (n=155)	Gegenwärtig			Gesamt (n=158)
			Zeitspanne seit Auszug .... Jahre			
			< 2 (n=63)	2 bis < 4 (n=54)	≥ 4 (n=39)	
Beschäftigtenklassen:	Häufigkeiten in %					
0 - 5 Beschäftigte	84,7	48,5	36,5	31,5	33,3	34,2
6 - 10 Beschäftigte	12,7	22,6	34,9	27,8	12,8	26,6
11 - 15 Beschäftigte	1,3	14,8	4,8	5,6	10,3	7,0
16 - 20 Beschäftigte	-	8,4	15,9	13,0	20,5	15,7
mehr als 20 Beschäftigte	1,3	5,8	7,9	22,2	23,1	16,5
	Mittelwert					
Beschäftigtenzahl (abs.)	3,6	8,9	10,1	13,4	22,6	14,3

Quelle: SEEGER, 1997, S.104.

BERNDT und HAMSEN (1985, S.56 in SEEGER, 1997; S.105f) verglichen das Beschäftigungswachstum der Unternehmen nach Auszug mit dem nicht geförderter Unternehmen und stellten fest, dass der durchschnittliche jährliche Beschäftigungszuwachs der ehemaligen TGZ-Mieter mit 1,5 deutlich höher ausfällt, als der Wert von 0,8, den nicht geförderte Unternehmen erzielen.

Der Anteil der qualifizierten Arbeitplätze der Unternehmen in TGZ ist mit ca. 56% (Akademikeranteil) überdurchschnittlich hoch. Die durchschnittliche jährliche Wachstumsrate qualifizierter Beschäftigter liegt während der Zeit im TGZ bei 0,65 und erhöht sich nach dem Auszug 0,82 Mitarbeiter. Nur 19,9% der Unternehmen haben bei Einzug ins TGZ keinen Akademiker beschäftigt – 4 Jahre nach Auszug sind es sogar nur 8,6%. Dies lässt die Vermutung zu, dass eine positive Entwicklung und Überlebensfähigkeit der Unternehmen von deren Akademikeranteil abhängt (vgl. SEEGER, 1997, S.109).

Zusammenfassend lässt sich feststellen, dass die quantitativen Einflüsse der TGZ auf den Beschäftigungsmarkt eher gering sind. Allerdings kann davon ausgegangen werden, dass der Entwicklungsprozess der TGZ-Unternehmen im Durchschnitt dynamischer verläuft, als bei ungeförderten Unternehmen. Mittels der Steigerung der qualitativen Beschäftigungsplätze steigt die Überlebensfähigkeit der Unternehmen, wodurch eine Verbesserung der regionalen Arbeitmarktstruktur erreicht wird (vgl. STERNBERG ET AL., 1996, S.132).

5.3 Intensivierung des Wissens- und Technologietransfers, Unterstützung der innovativen Entwicklung der Region und Verringerung räumlicher Disparitäten

Im Gegensatz zu den in den vorangegangenen Kapiteln behandelten Einflussgrößen auf die regionale Wirtschaftsentwicklung lassen sich die hier genannten Ziele und deren Umsetzung nur schlecht messen oder quantifizieren. STERNBERG ET AL. (1996, S. 150ff) quantifiziert den Wissens- und Technologietransfer anhand der Technologieorientierung, der Forschungs- und Entwicklungsintensität und der regionalen Kundenverflechtungen der Unternehmen.

Um die Technologieorientierung der Unternehmen zu bestimmen muss diese zuerst abgegrenzt werden. STERNBERG ET AL. (1996, S.155) fasst unter technologieorientierten Unternehmen alle Unternehmen die sich mit Technik befassen sowie Anbieter höherwertiger Dienstleistungen im technischen und produktionsorientierten Bereich. Insgesamt gehören demnach rund dreiviertel aller Mieter in den TGZ zur technologieorientierten Branche, wobei die Quote in ländlichen Regionen wesentlich niedriger liegt als in Agglomerationen.

Die Forschungs- und Entwicklungsausgaben der in TGZ ansässigen Unternehmen betragen etwa 7% von deren Umsatz. Dieser relativ hohe Wert beruht allerdings auch auf den geringen Umsätzen der neugegründeten Unternehmen, insbesondere in den ersten Jahren. Etwa 20% der Unternehmen in den TGZ geben an, überhaupt keine Ausgaben für FuE-Tätigkeit zu haben (13% Westdeutschland – 36% Ostdeutschland). Vermutlich handelt es sich hierbei um nicht technologieorientierte Unternehmen (Z.B. Gastronomie, Händler, Verbände und Vereine usw.) (vgl. (STERNBERG ET AL.1996, S.159f).

Kundenverflechtungen können einen Teil des Wissens- und Technologietransfers zu anderen Unternehmen darstellen. Gleichzeitig gelten sie als Maß für innovative Entwicklung auf regionaler Ebene. Der Technologietransfer durch die Weitergabe von Wissen und/oder (Vor-)Produkten führt innerhalb der Region zur Diffusion neuer

Technik und damit letztendlich zu Modernisierungseffekten. Werden qualitativ hochwertige Vorprodukte regionaler Zulieferer benötigt entsteht auch für diese ein Qualifizierungsdruck, welcher zur Modernisierung alteingesessener Industrien der Region führen kann. Insgesamt beläuft sich der Anteil regionaler Kundenverflechtungen auf ca. 34% des gesamten Umsatzes. Der übrige Umsatz wird größtenteils überregional oder durch Export ins Ausland erzielt. Regionale Kundenverflechtungen spielen mit zunehmenden Alter der Unternehmen eine geringere Rolle für deren Absatzorientierung (STERNBERG ET AL.,1996, S.162).

Neben den Kunden- und Unternehmensverflechtungen hat auch die räumliche Nähe zu öffentlichen oder privaten Forschungs- und Entwicklungseinrichtungen einen großen Einfluss auf den Wissens- und Technologietransfer. Sind diese vorhanden muss von Seiten des TGZ-Management versucht werden eine Vernetzung zu den Unternehmen herzustellen. Dies gelingt leider nicht immer in ausreichenden Maße (STERNBERG ET AL., 1996, S.185f).

Die Erwartung, durch den Bau von Technologie- und Gründerzentren, insbesondere in ländlichen, strukturschwachen Gebieten, regionale Disparitäten zu verringern oder sogar abzubauen, kann nicht erfüllt werden. Die Verfügbarkeit von Inkubatoreinrichtungen als Quelle neuer Gründer oder Mitarbeiter mit innovativem Potential begünstigt Standorte in Agglomerationen oder Verstädterten Räumen, da sich öffentliche FuE-Einrichtungen sowie andere Unternehmen, in denen potentielle Gründer vor ihrer Selbständigkeit tätig waren, nur selten im ländlich-peripheren Raum befinden. Gleichzeitig sind andere harte und weiche Standortfaktoren, die für den Erfolg technologieorientierter Unternehmen essentiell sind, in Verdichtungsräumen eher gegeben als in ländlichen Regionen (vgl. TASMASY, 1998, S.33).

6   Schwächen des Konzeptes der Technologie- und Gründerzentren und dessen Umsetzung

Neben den schon aufgezeigten Mängeln der Gründer-Akquisition (vgl. Kapitel 5.1) und der zuletzt erwähnten Verschärfung regionaler Disparitäten werden von verschiedenen Autoren noch weitere Schwächen in Konzept und Praxis beschrieben. Ein wesentliches Problem stellt, speziell in den neuen Ländern, die konjunkturelle

Lage dar. Bei sinkender Nachfrage nach angebotenen Mietflächen in den Zentren reagiert das TGZ-Management, aufgrund des finanziellen Drucks, mit „downgrading", d.h. die Anforderungen an ein aufzunehmendes Unternehmen (Technologieorientierung, Alter) werden reduziert. In vielen Fällen ziehen dadurch vermehrt nicht technologieorientierte Dienstleistungsunternehmen in die Zentren ein. Parallel dazu wird in vielen Fällen die maximale Mietdauer in den TGZ auf Wunsch verlängert (STERNBERG ET AL., 1996, S.202f).

Die angebotenen Beratungsleistungen des TGZ-Management sind für die Unternehmen häufig nur von geringer Bedeutung (vgl. Tab. 2). Dies liegt zum Teil an den Unterschieden zwischen angebotener und nachgefragter Beratung. So ist die Bratungsleistung des TGZ häufig nicht spezifisch und qualifiziert genug um den Unternehmen weiterhelfen zu können. Dies gilt speziell für Rechts- und Finanzberatung. Ein Defizit besteht hinsichtlich dessen vor allem in Ostdeutschland, wo nur 16% der Zentrenmanager über eine kaufmännische Ausbildung verfügen (vgl. TASMASY, 1997, S.229). Teilweise bestehen auch Hemmungen von Seiten der Unternehmen sich bei auftretenden Problemen beraten zu lassen. Hierbei spielt auch die Furcht betriebsinternes Wissen herauszugeben eine Rolle (vgl. STERNBERG ET AL., 1996, S.181f)

Tabelle 2: Bewertung des Leistungsangebots durch Unternehmen in Technologie- und Gründerzentren

Angebotskomponente	Unternehmensgruppe	Wertung des Angebots			
		sehr wichtig	wichtig	weniger wichtig	unwichtig
Mietraumbereitstellung	A	59,0	28,1	8,1	4,8
	D	55,8	37,2	4,7	2,3
Serviceleistungen und Gemeinschaftseinrichtungen	A	20,0	38,1	29,1	12,9
	D	7,0	30,2	41,9	20,9
Beratungsleistungen	A	3,8	15,8	19,6	60,8
	D	0,0	11,6	23,3	65,1

Quelle: PLESCHAK, 1996, S. 117.

Ein wichtiger Grund für das Ausscheiden aus dem TGZ, auch vor Beendigung der regulären Mietfrist ist in vielen Fällen die fehlende räumliche Expansionsmöglichkeit bei Wachstum, die speziell bei einer Vollauslastung des TGZ besteht (vgl. SEEGER, 1997, S.87).

Die Errichtung von Technologie- und Gründerzentren ist Deutschland in vielen Fällen eine landespolitische Entscheidung gewesen, die sich nach verschiedenen inhaltlichen Aspekten richtete. Bestimmte Konzepte haben sich hierbei besser bewährt als andere. So haben TGZ in den Bundesländern, die TGZ generell nur in der Nähe zu FuE-Einrichtungen errichten ließen (z.B. Baden-Württemberg), größeren Erfolg als jene, die errichtet wurden um den Strukturwandel abzufedern oder einzuleiten (Nordrhein-Westfalen, neue Bundesländer) (vgl. TASMASY, 1998, S.30).

7   Das Technologie- und Gründerzentrum in Halle (Saale)

7. 1   Lage und Entstehung

Das Technologie- und Gründerzentrum Halle setzt sich aus den Gebäudekomplexen TGZ I-III(A, C & M)* sowie dem Bio-Zentrum (B)*, das ein spezialisiertes TGZ für Biotechnologie darstellt, zusammen (siehe Karte 3 i.A.). Es befindet sich im Nordwesten von Halle im Wissenschafts- und Innovationspark Heide-Süd, der verschieden Forschungs- und Entwicklungseinrichtungen sowie den naturwissenschaftlichen Campus (Weinbergcampus) der Martin-Luther-Universität umfasst. Die Entscheidung für die Ansiedlung des ersten TGZ in Halle fiel 1991. Im November 1993 wurde es eröffnet. Nur kurze Zeit später waren alle Flächen vermietet und die Planung für die Erweiterungsbauten für das Bio-Zentrum (Fertigstellung: 1998) und das TGZ II (Fertigstellung: 2000) begannen. TGZ III wurde im Jahr 2006 in Nähe des TGZ II errichtet (vgl. BÖTTCHER, 2004, S.45f).

Die hallischen TGZ und das Bio-Zentrum weisen eine spezifische Branchenstruktur auf, welche hauptsächlich die Bereiche Biotechnologie, Biomedizin und Bioinformatik umfasst. Diese Entwicklung wird durch die Bereitstellung biospezifischer Einrichtungen, wie z.B. Labore, Gewächshäuser, Kühlarbeitsräume und Reinräume unterstützt (vgl. Abbildung 7).

* Standorte in der Karte

Abbildung 7: Technische und räumliche Ausstattung des Technologie- und Gründerzentrums Halle

Quelle: www.tgz-halle.de

Die vermietbare Gesamtfläche der 3 TGZ + Bio-Zentrum beträgt 16.360 m^2 worauf 56 Unternehmen angesiedelt sind (vgl. www.tgz-halle.de).

7.2 Entwicklung des Technologie- und Gründerzentrums sowie der in ihm angesiedelten Unternehmen

Im Rahmen der Diplomarbeit von JÖRG BÖTTCHER (2004) wurden die im TGZ Halle ansässigen Unternehmen hinsichtlich ihrer Firmenstruktur, Kooperationspotenzial, Innovationsverhalten und der Milieubildung befragt. Die Ergebnisse sollen im Folgenden kurz vorgestellt werden.

Zum Zeitpunkt der Befragung (2003) hatten knapp 40% der befragten Unternehmen ihr Haupttätigkeitsfeld in der Biotechnologie. An zweiter Stelle folgte die Medizintechnik. Die Mitarbeiterzahlen der Unternehmen schwankten zwischen 3 und 9 Mitarbeitern, wobei sich die Zahl zwischen Zeitpunkt der Firmengründung und dem Befragungszeitpunkt nur geringfügig erhöhte.

Die Kontakte zwischen den Unternehmen des TGZ und Hochschulen oder anderen FuE- Einrichtungen sind bei ca. 50% der befragten vorhanden. Dabei stellt die MLU den Hauptkontaktpartner dar, deren technische Einrichtungen von vielen Unternehmen regelmäßig genutzt werden. Etwa 43% der Befragten erwarben ihren Hochschulabschluss an der MLU, was dazu führt, dass häufig noch gute Kontakte zu früheren Kollegen oder Professoren bestehen. Kontakte zu anderen Unternehmen im TGZ haben ca. 65% der Unternehmen, wobei auch zahlreich (61%) technische Einrichtungen anderer Unternehmen genutzt werden.

Hinsichtlich ihres innovativen Verhaltens gaben 74% der Unternehmen an sich innerhalb der letzten 3 Jahre erfolgreich mit neuen Produkt- oder Verfahrensentwicklung beschäftigt zu haben. Über 57% von Ihnen haben in dieser Zeit *Neuerungen* auf den Markt gebracht. Zu deren Realisierung spielte die Kooperation zu FuE-Einrichtungen und anderen Unternehmen für 44% der Befragten eine wichtige Rolle. Die finanzielle Unterstützung bei der Entwicklung von Neuerungen durch die öffentliche Hand (Fördergelder, Zuschüsse) wird von mehr als zwei drittel der Befragten als sehr wichtig oder wichtig erachtet.

Hauptgrund für den Einzug ins TGZ war für 75% der befragten Unternehmen die Nähe zu anderen technologieorientierten Unternehmen. Die günstigen Mieten und das Raumangebot wurden nur in 57% der Fälle als bedeutender Einflussfaktor hinsichtlich des Ein- bzw. Umzugs ins TGZ gewertet.

Ihre Zukunftschancen nach Auszug aus dem TGZ betrachten mehr als drei viertel der Befragten als gut oder sehr gut.

Auf die Frage ob am Weinbergcampus ein *innovationsförderndes Klima* vorhanden ist antworteten 78% aller mit ja, während dies nur von 5% verneint wurde.

Insgesamt stellt sich die Situation der Unternehmen im TGZ Halle relativ positiv dar. Allerdings kann die einseitige Ausrichtung auf Unternehmen der Biotechnologiebranche für Unternehmen anderer Branchen zu Nachteilen führen oder diese zum Auszug bewegen. Die Vernetzung zwischen den Unternehmen ist in vielen Fällen gegeben, beruht aber häufig auf informellen Kontakten so dass hierbei noch nicht von einem *synergieerzeugenden Netzwerk* gesprochen werden kann. Die durch die TGZ-Leitung initiierten Gemeinschaftsmessen sowie andere vom Zentrenmanagement organisierte Unternehmenstreffen (Sommerfest usw.), erhöhen die Möglichkeiten der Zusammenarbeit der Unternehmen und stärken das Vertrauen in die Kompetenz des Management (vgl. BÖTTCHER, 2004, S.70ff).

8   Fazit und Perspektiven

Technologie- und Gründerzentren werden von den in ihnen angesiedelten Unternehmen zu großen Teilen positiv bewertet. Die Umsetzung der politischen Ziele, die mit diesem Fördeinstrument verknüpft sind, erfolgt nur selten, da sie häufig auf an der Realität scheitern . So ist die motivierende Wirkung auf Neugründer eher marginal, die Schaffung qualifizierter Arbeitsplätze ist kaum messbar und regionale Disparitäten werden eher auf- als abgebaut. Gleichzeitig spielt der Standort eines TGZ in den meisten Fällen eine wesentlich bedeutendere Rolle für die Neugründung als das Vorhandensein eines TGZ. Der Wissens- und Technologietransfers, der mit Hilfe von Netzwerken, welche durch die TGZ-Leitung implementiert werden sollen, stattfindet, funktioniert in den wenigsten TGZ .

Positive Effekte haben TGZ auf die wirtschaftlichen Entwicklung der in ihnen ansässigen Unternehmen. So erreichen Unternehmen in TGZ , auch nach dem Auszug, im Durchschnitt höhere Beschäftigungszuwächse als gleichalte Unternehmen ohne Förderung. Das *Betriebsklima* innerhalb der TGZ wird von den Unternehmen als gut und innovationsfördernd beschrieben.

Damit Technologie- und Gründerzentren in Zukunft erfolgreicher arbeiten müssen wesentliche Veränderungen stattfinden. So sollte über die Gründungen neuer TGZ nicht politisch-angebotsorientiert, sondern nach dem Potential zielgruppenadäquater Unternehmen – nachfrageorientiert – entschieden werden. Nur so kann „downgrading" oder Leerstand langfristig verhindert werden.

In Regionen, die nicht über Forschungs- und Entwicklungseinrichtungen verfügen, sollten evtl. andere Konzepte (Gewerbepark usw.) verfolgt werden um einen „Etikettenschwindel" des TGZ-Begriffs zu vermeiden.

Die TGZ-Leitung muss sich hinsichtlich ihres Beratungsangebots mehr an den Bedürfnissen der Unternehmen orientieren und das Management in diesem Sinne qualifizieren.

Insgesamt lässt sich festhalten, dass TGZ als wirtschaftliches Förderinstrument große Defizite aufweisen. Dennoch helfen sie vielen jungen technologieorientierten Unternehmen in ihrer Gründungsphase und wirken sich positiv auf die regionale Entwicklung aus.

Literatur

BATHELT, H. & J. GLÜCKLER (2003): Wirtschaftsgeographie. Stuttgart.

Böttcher, J. (2004): Unternehmensgründungen im universitätsnahen Umfeld – Die Rolle des Technologie- und Gründerzentrums sowie des Bio-Zentrums in Halle für den Aufbau eines innovativen Milieus.

FRANZ, P. (1996a): Technologie- und Gründerzentren als Hoffnungsträger kommunaler Wirtschaftsförderung in Ostdeutschland. In: Raumforschung und Raumordnung, Bd. 54, H.1, S.26-32.

FRANZ, P. (1996b): Ostdeutsche Technologie- und Gründerzentren in der Aufbauphase. Zwischen Anspruch und Realität. In IWH- Halle [Hrsg:] Forschungsreihe. Bd. 4. Halle.

INSTITUT FÜR LÄNDERKUNDE [HRSG.](2002):Nationalatlas Bundesrepublik Deutschland. Wirtschaft und Märkte. Heidelberg, Berlin.

KADEN, S. (1991): Technologiezentren: Standortvoraussetzungen, Anforderungsprofile, Planungsdirektiven – am Beispiel Baden – Württemberg. Münster.

LIEFNER, I. (2004): Technologie- und Gründerzentren und regionales Wissenspotential. Eine empirische Analyse geförderter Unternehmen am Beispiel Niedersachsen. In: Raumforschung und Raumordnung, Bd. 62, H.4-5, S.290-300.

PLESCHAK, F. (1996): Technologiezentren in den neuen Bundesländern. Wissenschaftliche Analyse und Begleitung des Modellversuchs „Auf und Ausbau von Technologie- und Gründerzentren in den neuen Bundesländern des Bundesforschungsministeriums. Heidelberg.

STERNBERG, R. ET AL. (1996): Bilanz eines Booms – Wirkungsanalyse von Technologie- und Gründerzentren in Deutschland. Dortmund.

SEEGER, H. (1997): Ex-Post-Bewertung der Technologie- und Gründerzentren durch die erfolgreich ausgezogenen Unternehmen und Analyse der einzel und regionalwirtschaftlichen Effekte. Münster.

SCHÄTZL, L. (2001): Wirtschaftsgeographie 1 - Theorie. Paderborn, München, Wien, Zürich, Schönigh.

TASMASY, C. (1998): Technologie- und Gründerzentren. Ein erfolgreiches Instrument kommunaler Innovationspolitik? In: STANDORT – Zeitschrift für angewandte Geographie, H. 1, S. 30–33.

TASMASY, C. (1997): Technologie- und Gründerzentren in Ostdeutschland. Wirksame Instrumente zur Förderung innovativer Unternehmen? In: Zeitschrift für Wirtschaftsgeographie, Jg. 41, H.4, S. 223-232.

Onlinequellen

Franz Pleschak
Schwerpunkte der künftigen Entwicklung von Technologie- und Gründerzentren.
<http://www.innovation-aktuell.de/kv1106.htm>19.06.2007

Robert Tschiedel
Arbeit und nachhaltige Innovationen - Zukunftsaufgaben für Technologiezentren.
<www.tat-zentrum.de/tat/profil/tgz/index.htm> 17.06.2007

Wissenschafts- und Innovationspark Halle
< www.wip.halle.de> 23.06.2000

Anhang

Karte 1: Standorte deutscher Technologie- und Gründerzentren

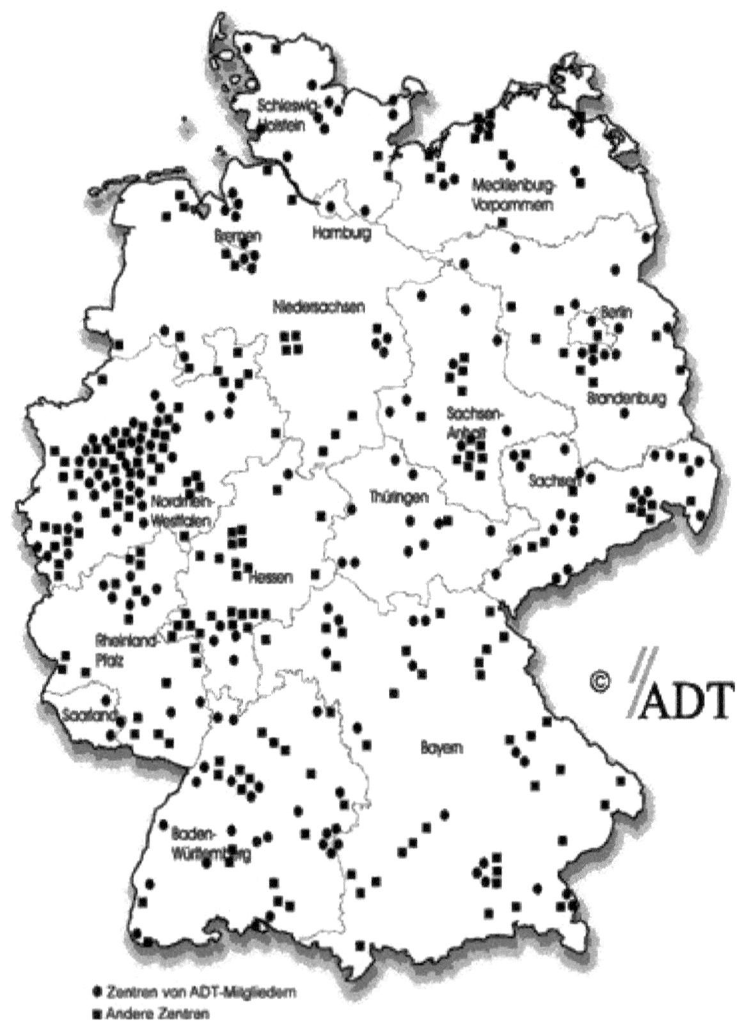

Quelle:www.adt-online.de

Karte 2: Gründungsjahre der Technologie- und Gründerzentren

Nationalatlas Bd. 8, 2002, S. 81f.

Karte 3: Der Wissenschafts- und Innovationspark Halle

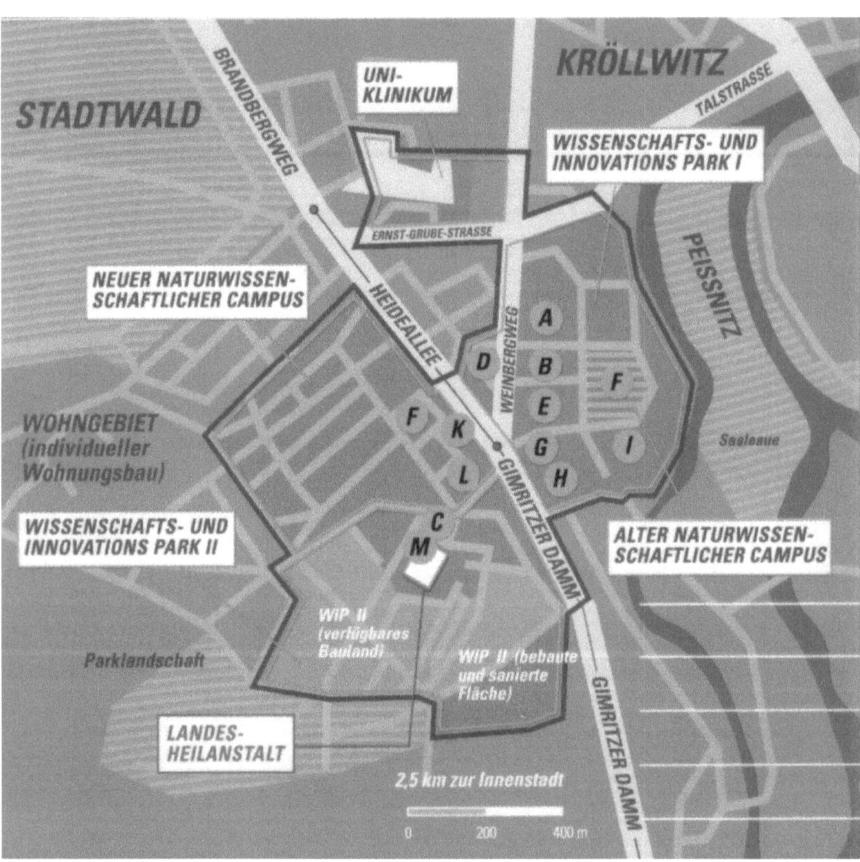

Quelle: www.wip.halle.de